餐桌上的科普

小猪，小猪

【韩】朴珠美／文　【韩】白正时／图
李小晨／译

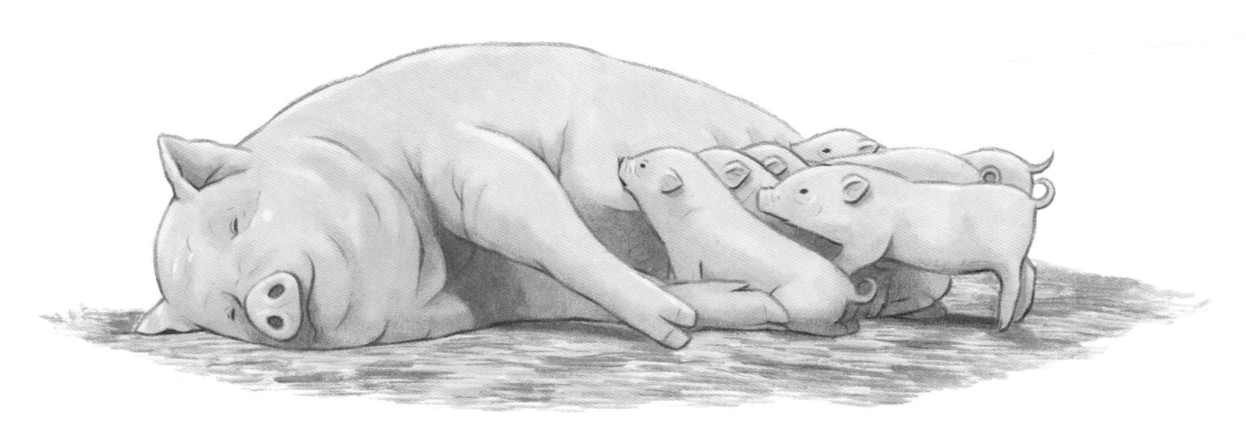

中国农业出版社

我，是受大家喜爱的小猪。
餐桌上每天都少不了我。
不论是从前还是现在都一样地受欢迎。
那么，现在就让我告诉你我受欢迎的原因吧。
哼哼
哼哼哼

认识小猪

啧啧!看看这迷人的长相!
怎么样?可爱吧?

嘴

小猪的嘴比较长且硬所以能够挖土。
因此如果不小心将小猪放了出去，
辛苦种的农作物可能都会被破坏。

皮肤

小猪的皮很厚，就算被蛇咬，毒液也
不会渗透进去。
小猪没有汗腺，所以不能排汗，
但是小猪很喜欢用泥土清洗身体。

眼睛

小猪的视力不好，
看不清楚远处的东西。

脚

虽然小猪有4个脚趾，
但其中只有2个着地。

耳朵

小猪的听力很好，
对声音很敏感。

鼻子

嗅觉很敏锐。
所以有的人利用小猪的
嗅觉寻找地下的松露。

猪妈妈一年一般生育两次，每次大概生育12只左右。
力气大的小猪才能够占据奶水最充足的奶头。
而且奶头一旦确定了以后就再也不会变了。

尾巴

健康小猪的尾巴
会卷起来。

我们都是猪！

所有小猪都长一个样子吗？不，并不是这样。
野猪是猪的祖先，比家猪长相更凶猛。
每个国家的猪长相都有一些不同。
而现在为了获得肉质更好的猪肉，
人们一般都会饲养杂交后的小猪。

野猪

野猪是家猪的祖先。
生活在山上，以果实、昆虫和野鼠为食物。
獠牙很长，背部有花纹。

黑猪

黑猪是韩国的土猪。
虽然肉质很鲜美，但是比杂交猪生长缓慢，身形更小。
所以养殖的人不多。

约克夏猪
汉普夏猪
巴克夏猪
兰德瑞斯猪
杜洛克猪
杂交猪
杂交猪是通过杂交获得的品种，
肉质更好，养殖起来更方便。
因此各国的土猪越来越少，
杂交猪的养殖量越来越大。

小猪的日常生活

最初小猪们生活在山间和田野，自由自在。

后来人们认识到猪不仅能够一次生很多只小猪仔，还长得快，容易养殖。

于是开始圈养猪。

让我们来观察一下小猪过去与现在的生活情境。

狩猎
很久很久以前，人们猎捕生活在山中和田野里的野猪。
哼哼
哼哼
哼
放牧
中世纪的欧洲出现了专门放猪的人，他们会将小猪赶到树丛中，喂橡果给小猪吃。

家畜
在家中搭好猪圈饲养小猪，
家家户户都自己饲养。
돼지
规模养殖
现在一般都会大规模
养殖，喂猪饲料。

对猪的印象

有的人认为猪是福的象征。
因为猪什么都吃，而且很快就能繁殖出下一代，
所以认为猪能够招福招财。
外国还有一句这样的俗语：“养一只猪能获得所有必需的东西，
养两只猪则能成为富人。”
人们都是怎样看待猪的呢？

开业大吉
一分一分的积攒起
来就能成为富人。
求求您，求求您，
保佑我生意兴隆。
巴布亚新几内亚人
对小猪的特殊喜爱
巴布亚新几内亚人特别喜
欢猪，甚至将猪视为家人。
不仅会带着猪出门，
还会给猪喂奶，
就像照顾孩子一样悉心照
料猪。

但也有很多用猪来形容人懒惰、杂乱无章、贪婪的俗语。
他们竟然这样不喜欢猪，真是可惜。

“猪的脚趾甲被桃汁染了色。”
形容人做事不知深浅。

“做事时是蜗牛，
吃东西时是猪。”
形容人好吃懒做。

“杀猪的声音。”
形容人唱歌难听。

“猪不知猪圈脏。”
形容那些房间
很杂乱的人。

全猪宴

居然不知道猪是多么宝贝的动物，
头是头、蹄是蹄，没有一处浪费，
全身都是美味！
来一场全猪宴怎么样？

啃着吃最香的猪排骨。

用脂肪少的后腿肉
做酱猪肉。

筋道好吃的猪肘。

用里脊做糖醋肉。

在大肠中灌入肉馅制作而成的灌肠。
用肥而不腻的猪颈肉制作菜包肉。
五花肉烤着吃最香。
爽滑的猪头肉片。
软糯的猪排。

从很久以前开始，猪肉就是过节时餐桌上必不可少的美食。
而现在我们每天都能够吃到猪肉。
为什么猪肉从古至今都这么受欢迎呢？

美味的
猪肉
怎么做都好吃，
而且可以搭配任何材料，
哪里还有比这更好的？
猪皮中含有丰富的胶原蛋白，
对皮肤特别好。

猪肉一定要做熟。
因为如果不做熟，
吃到身体里容易滋生旋毛虫。
吸入过多粉尘的时候
要多吃猪肉。
因为据说猪肉有
帮助人体排除杂质的功效。
猪内脏里有孩子成长所需
的必需脂肪酸。
BJS TV

世界各地的猪肉料理

全世界有各种各样的猪肉烹饪方法。
一头猪可以做出各式各样的菜肴。
下面就来看一下全世界都有哪些猪肉美味佳肴吧。

肉骨茶

马来西亚人常喝的一种猪肉汤！加入了各种药材，与猪肉一起熬制而成。

叉烧

中国的做法，将腌制好的猪
行烤制。
有点甜也有点咸，适合搭配
或是面条。

炭火烤串

俄罗斯的猪肉烤串。用桦木炭火来烤，香气四溢。

炸猪排
瑞士的一种炸猪排！
因为加入了芝士，
所以格外好吃。
烤乳猪
西班牙传统食物，
外焦里嫩。

猪肉也常被做成香肠、火腿和培根。
这样能够保存时间更长，也更好配菜。
火腿是将猪肉整个腌好做成的，
而香肠是将不同部位的猪肉绞碎
灌入大肠中风干或烘干制成的。
培根是将五花肉加盐熏制而成。

意大利香肠
是在低温处风干而成的。

西班牙熏肉
猪肉用盐腌制脱水后风干而成。
味道十分独特，切成薄片食用。

美国的培根
因为加入了盐，所以味道有点咸。
经常与鸡蛋、面包一起作为早餐食用。

未经熏制的欧洲培根。
用猪头肉、猪肘肉、猪耳朵等部位腌制而成的火腿。
还有利用火腿剩余材料绞碎熏干制成的口利左香肠。
这些都是既美味又可以长期储存的食物。

猪并不是只能吃而已！

你一定认为猪只能作为食物吧？
其实并不是这样，一起来看一下猪的各种用途。

猪皮可以制作包、
腰带还有衣服。

猪油可以制
作肥皂。

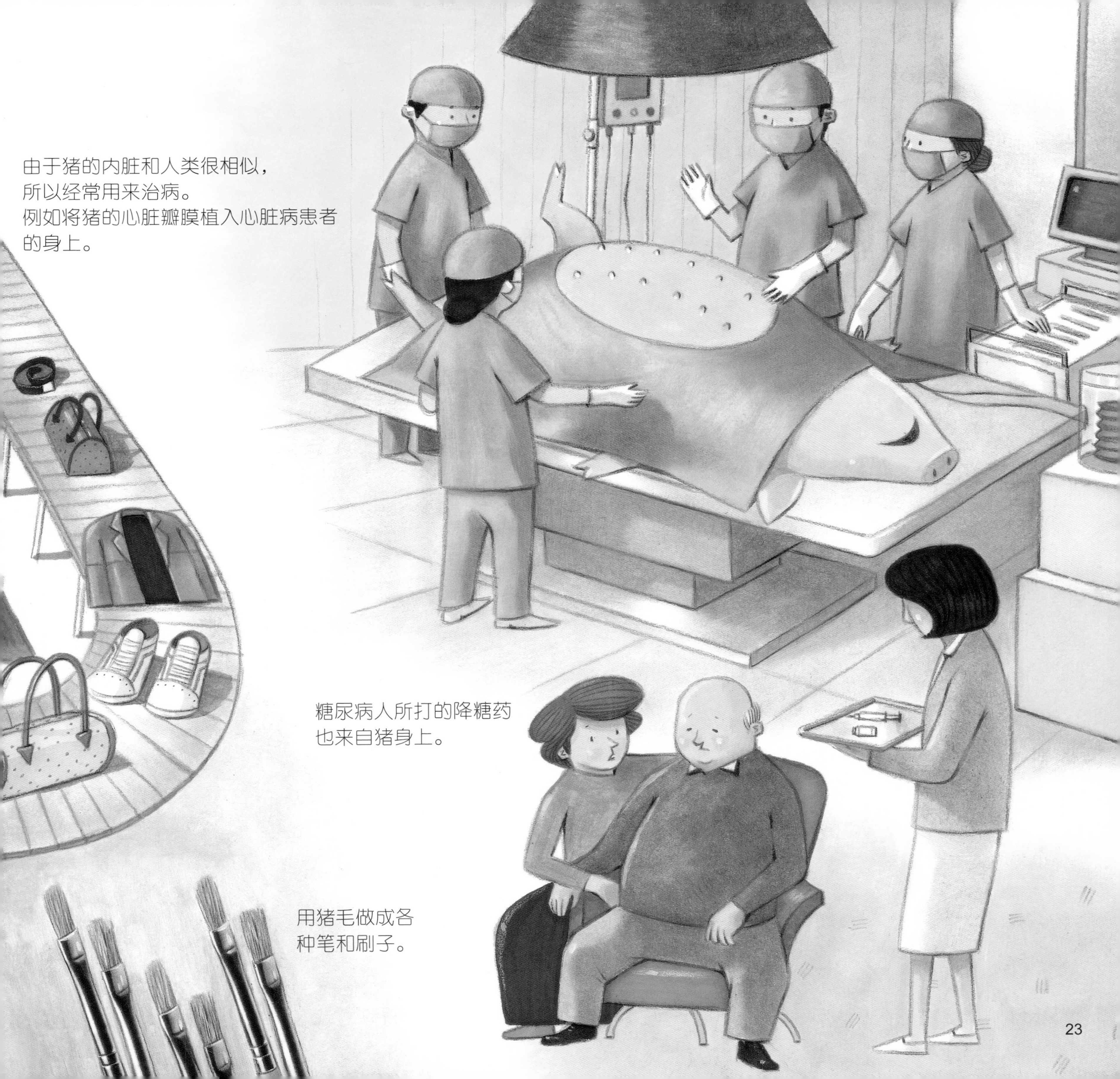

由于猪的内脏和人类很相似，
所以经常用来治病。
例如将猪的心脏瓣膜植入心脏病患者
的身上。

糖尿病人所打的降糖药
也来自猪身上。

用猪毛做成各
种笔和刷子。

还有一些值得我们感谢的动物

除了猪以外，还有一些其他为我们提供食物的动物。他们都是给人类帮助的朋友。

驯鹿肉是欧洲人喜欢的食物。主要用于制作肉排或是炖肉。

牛为我们提供好吃的牛肉和营养丰富的牛奶。

山羊肉一般用来炖汤，
具有补气的功效。
生活在沙漠的人
喜欢吃骆驼肉。
绵羊不仅毛很温暖，而且
肉质也很鲜美。

还有很多禽类。

火鸡一般都是烤制或是熏制。
火鸡还是美国感恩节时必吃的一道美食。
鸵鸟肉的味道与牛肉很像，
营养价值也很高。
鸵鸟蛋比鸡蛋大10倍。
鸡肉价格便宜
且肉质鲜美，
而且鸡还可以下蛋。

山鸡肉很嫩很香。
过去人们都会打猎，
但现在一般都是饲养。
鸭肉一般都用来做烤鸭或鸭汤。
营养丰富，对身体非常好。
鹅肉的肉质鲜美。
法国的鹅肝十分有名。

大家知道动物们为人类做出了多大贡献了吧！
所以我们一定要珍惜。
因为只有给动物提供好的生活环境，
人类才能吃到安全美味的食物。

端上餐桌之前

在端上餐桌之前还要经历哪些过程呢?
虽然给猪提供好的饲料、清洁的环境很重要,
但为了得到健康的食物,下面这些过程也值得重视。

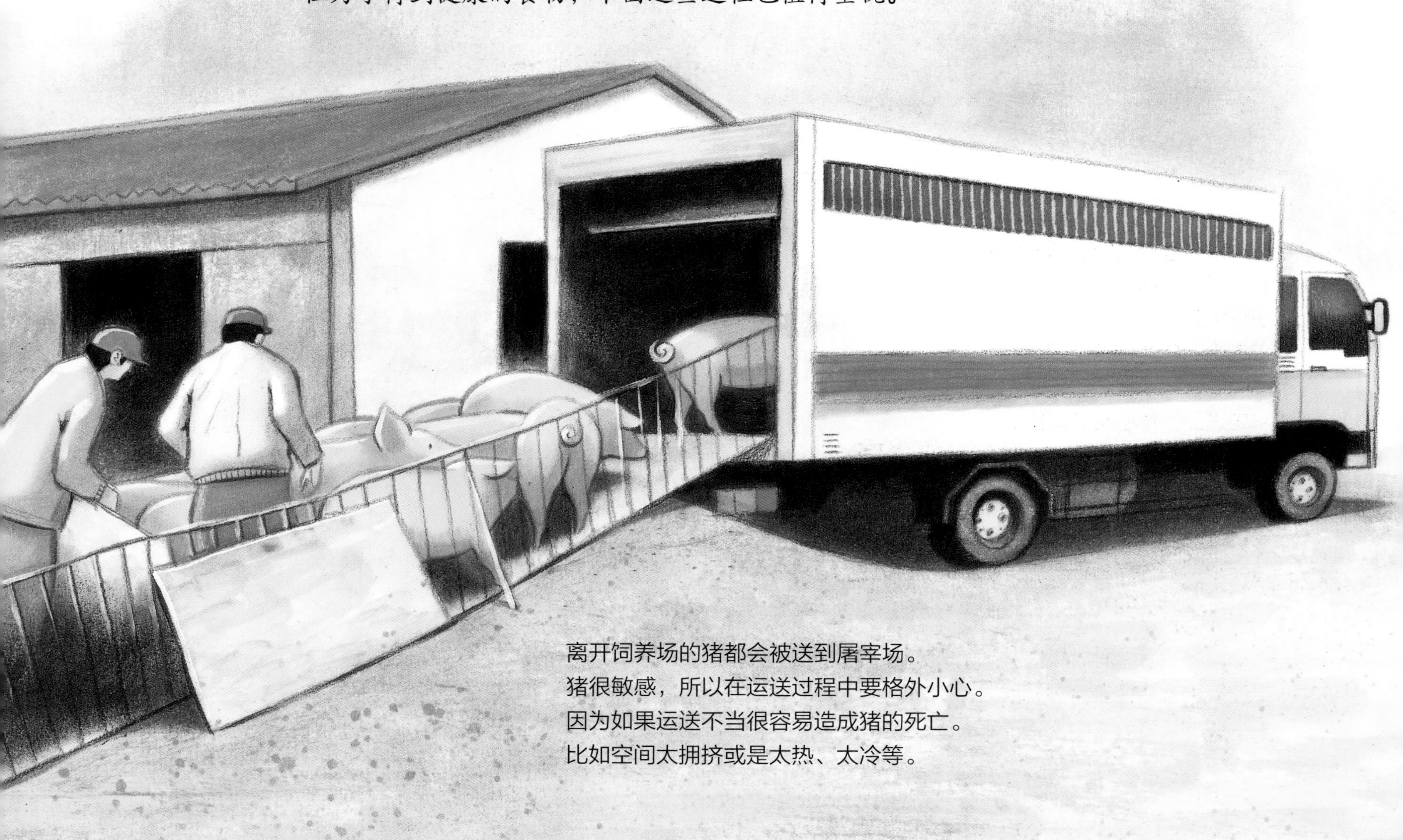

离开饲养场的猪都会被送到屠宰场。
猪很敏感,所以在运送过程中要格外小心。
因为如果运送不当很容易造成猪的死亡。
比如空间太拥挤或是太热、太冷等。

被运送到屠宰场后需要给猪淋浴
以降低温度。
因为猪没有汗腺所以再热也无法排汗。
这样能够使猪的情绪稳定，便于之后的屠宰。

猪肉去毛处理好后会被划分等级。
按照肉质的好坏，
生长环境的良莠，
不同等级的猪肉价格也不同。
批发商会在购入猪肉后，
将猪肉送到市场或超市出售。
经历过这些过程后，猪肉才被端上我们的餐桌。

美味非凡的猪肉
原来有这么多人为之付出了辛苦啊。

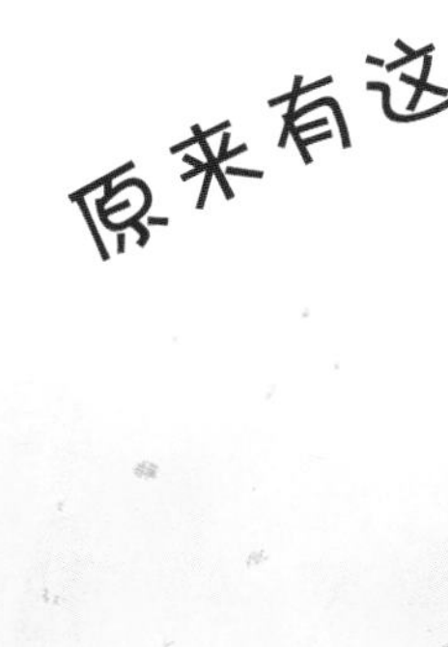

长时间保管肉类的方法

鲜肉放在外面就算只有一天时间也会变质。

而放在冰箱中虽然能够维持一段时间，但同样时间不能太长。

虽然很想尽快吃掉，

但就没有能够长时间保存肉类的方法吗？

防止肉类被空气氧化！

空气中的氧气能够引起食物变质。
因此要最大限度地减少食物与空气接触的面积。
而如果把肉切碎，那么就会不可避免地加大肉与空气接触的面积。
所以我们最好吃多少切多少。
我们可以在肉的外面涂上一点油然后放入罐子中盖好盖。
这样就算氧气要腐蚀也束手无策了。

微生物和分解酶会使食物腐坏！

如果是切得很薄或是很碎的肉，
最好先用毛巾挤压出多余的水分，然后再储存。
因为水分过多会造成微生物滋生、食物变质。
也可以在肉的表面涂抹一些微生物所不喜欢的食醋。
剩余的肉还可以加入盐、胡椒炒熟后保管，
可以用来做炒饭等简单的食物。
熟的食物分解酶活动不活跃，所以储存时间更长。

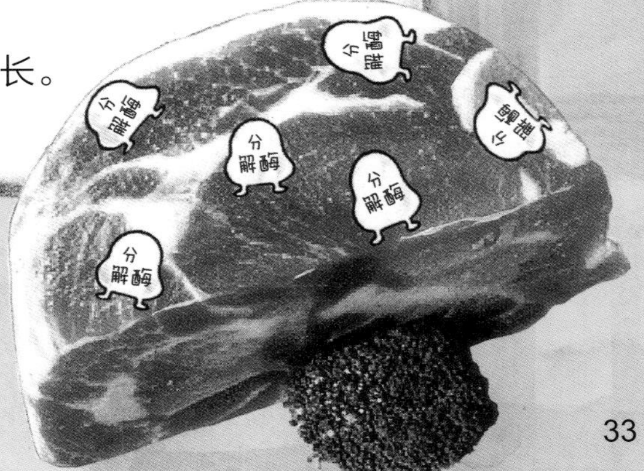

图书在版编目(CIP)数据

小猪,小猪 / (韩) 朴珠美文 ; (韩) 白正时图 ; 李小晨译. -- 北京 : 中国农业出版社, 2015.6

(餐桌上的科普)

ISBN 978-7-109-20365-5

Ⅰ. ①小… Ⅱ. ①朴… ②白… ③李… Ⅲ. ①猪肉-儿童读物 Ⅳ. ①TS251.5-49

中国版本图书馆CIP数据核字(2015)第073413号

돼지야, 돼지야

글 박주미 그림 백정석 감수 한국음식문화전략연구원

中国农业出版社出版
(北京市朝阳区麦子店街18号楼)
(邮政编码100125)
责任编辑 程燕 吴丽婷

北京中科印刷有限公司印刷 新华书店北京发行所发行
2015年7月第1版 2015年7月北京第1次印刷

开本: 787mm × 1092mm 1/12 **印张:** 3
字数: 60千字
定价: 19.00元
(凡本版图书出现印刷、装订错误,请向出版社发行部调换)